Die hier vorgestellten Giftpflanzen sind im Schweregrad ihrer toxischen Wirkung aufgeführt:

· tödliche Vergiftung
· schwere Vergiftung
· leichte Vergiftung
· leichte Magenverstimmung

Zudem werden weitere Gefahren von Vergiftungen durch ungeeignete Futtermittel in der Pferdehaltung aufgezeigt.

Die Liste der vorgestellten Giftpflanzen in diesem Buch erhebt keinen Anspruch auf Vollständigkeit!

WIE KÖNNEN VERGIFTUNGEN IN DER PFERDEHALTUNG VERMIEDEN WERDEN?

· Pferde **nie** an Hecken oder Bäumen anbinden oder fressen lassen!
· Pferde **nie** auf unbekannten Wiesen weiden oder laufen lassen!
· Bei dem geringsten Verdacht auf eine Vergiftung muss **sofort** der Tierarzt zu Hilfe geholt werden!
· Vergiftungen **niemals** selbst behandeln!

WIE ZEIGEN SICH VERGIFTUNGSERSCHEINUNGEN BEIM PFERD?

Die erkennbaren Anzeichen einer Vergiftung äußern sich nach der Aufnahme schädlicher Pflanzen in unterschiedlichster Form und Zeitspanne, da die einzelnen Pflanzen verschieden starke Gifte enthalten. Meist zeigen sich die Symptome in krampfartigen Kolikanfällen, Durchfall, Schweißausbruch, schwankendem Gang und Verhaltensstörungen. Das Gift einer Pflanze kann im Pferdeorganismus recht schnell eine Wirkung erzeugen, aber die Vergiftungssymptome können auch erst nach einigen Stunden oder Tagen auftreten.

WAS IST IM FALL EINER VERGIFTUNG ZU TUN?

Besteht der Verdacht auf eine Vergiftung, ist sofort der Tierarzt zu verständigen. Am Telefon sollte er über die Art der Vergiftung bereits informiert werden, um entsprechende Medikamente zu besorgen oder direkte Behandlungsmaßnahmen vor Ort zu erörtern. Im Sinne der Gesundheit und des Lebens des Pferdes muss von eigenen Behandlungseingriffen unbedingt abgesehen werden!

Vor dem Anruf beim Tierarzt sollten folgende Hinweise notiert und telefonisch weitergegeben werden:

· Wann wurde die giftige Pflanze eingenommen?
· Was wurde gefressen (zum Beispiel welche Giftpflanze)?
· Wie viel wurde gefressen?

- Welche Auffälligkeiten zeigt das Pferd?
- Wie groß und wie alt ist das Pferd?
- In welchem Zustand befindet sich das Pferd?
- Telefonnummer für eventuellen Rückruf angeben

Der Reiter sollte möglichst einen Zweig der gefressenen Pflanze aufheben, wenn keiner der Anwesenden die Art des Gewächses genau zu bestimmen weiß. So kann später eine gezielte Behandlung gegen den Giftwirkstoff eingeleitet werden.
Pferde, bei denen der Verdacht auf eine Vergiftung besteht, müssen an jeglicher Futteraufnahme gehindert werden, Wasser sollte jedoch in ausreichendem Maße zur Verfügung stehen. Zeigt das Pferd starke Gleichgewichtsstörungen, stellt man es in eine geräumige, dick mit Stroh eingestreute Box, damit es beim Hinstürzen auf Betonboden keine Verletzungen davonträgt.

WISSENSWERTES ZUM FRESSVERHALTEN DER PFERDE

Unkontrolliertes Naschen an Büschen und Zweigen kann für Pferde schwere gesundheitliche Folgen haben.

In den weitläufigen Steppen suchen sich die wild lebenden Pferde auf ihren Streifzügen Tag für Tag ihr Futter auf Wiesen, an Waldrändern und Bachufern selbst aus. Sie wählen zielsicher zwischen den essbaren und giftigen Gewächsen nur die gesunden und genießbaren Pflanzen heraus.
Durch den seit Jahrtausenden geprägten Instinkt wissen sie genau, welche Gräser und Kräuter sie fressen dürfen und welche sie unbedingt meiden müssen. Vergiftungen oder Erkrankungen des Verdauungsapparates sind durch diesen Urinstinkt der frei lebenden Pferde weitestgehend ausgeschlossen. Kranke Pferde in freier Wildbahn forschen mittels ihres natürlichen Gespürs nach speziellen Kräutern mit entsprechenden Inhaltsstoffen, die zur Heilung ihres Leidens beitragen. Diese Fähigkeit der Unterscheidung von genießbaren, ungenießbaren oder giftigen Pflanzen und Sträuchern ist bei vielen Pferden im Laufe der Domestizierung vom Wildpferd zum Hauspferd verloren gegangen!
Dennoch wird in der Fachliteratur immer noch leichtfertig die Meinung vertreten, dass „Pferde instinktiv alle Giftpflanzen meiden“. Besonders bei weideuntypischen Pflanzen, zum Beispiel exotischen Zierhölzern oder Gartenpflanzen, wie sie überwiegend in Wohngebieten vorkommen, unterscheiden Pferde nicht zwischen giftigen und ungiftigen Pflanzen. Vor allem jene Pferde, die in reiner Boxenhaltung leben und denen kein Weidegang geboten wird, fressen bei einem Ausritt oder Spaziergang in ihrer Gier nach frischem Grün alles, was sich ihnen bietet, egal ob giftig oder nicht!
Einige der giftigsten Pflanzen schmecken so bitter, dass die Pferde sie zum Glück nach dem ersten Bissen meiden. Dennoch können schon geringste Mengen dieser hochgiftigen Blätter den

Tod des Tieres herbeiführen. Pferdeweiden sind regelmäßig sorgfältig auf Giftpflanzenbewuchs zu überprüfen. Sind Giftpflanzen vorhanden, müssen sie tiefgründig mit dem gesamten Wurzelballen ausgegraben werden. Einige Pflanzen behalten ihren giftigen Wirkstoff im getrockneten Zustand oder nach längerer Lagerung bei und können selbst im Winterheu bei der Pferdefütterung gesundheitliche Schäden anrichten.
Dem Pferdehalter obliegt die große Verantwortung, sein Pferd vor der Aufnahme von ungenießbaren Pflanzen und Futtermitteln zu schützen. Leider kommt es dennoch immer wieder vor, dass Tierärzte zu Notfällen gerufen werden, denen eine Vergiftung zu Grunde liegt, und je nach Art und Schwere der Vergiftung ist eine Rettung oft nicht mehr möglich.
Jedoch haben nicht alle ungenießbaren Pflanzen gleich den Tod zur Folge. Einige erzeugen schwere Koliken, haben starke organische Schäden als Spätfolgen oder führen nur zu leichtem Unwohlsein.

GEEIGNETE FUTTERMITTEL IN DER PFERDEFÜTTERUNG

Heu, Hafer und Stroh sind die bekanntesten Grundfuttermittel für Pferde, die am häufigsten in der Pferdefütterung verwendet werden und natürlich jedem Pferdehalter wohl bekannt sind. Hinzu kam in den letzten Jahren eine große Palette an Ergänzungsfuttermitteln, die für die unterschiedlichsten Bedürfnisse in der Ernährung der Pferde zusammengestellt wurden.
Bei der Fütterung dieser Tiernahrung kann der Pferdebesitzer sicher sein, seinem Pferd nur genießbare Futtermittel anzubieten, vorausgesetzt, Heu, Stroh und Körnerfutter haben gute Qualität und sind schimmelfrei. Bei den Kraftfuttermischungen ist darauf zu achten, dass das Haltbarkeitsdatum nicht überschritten wird.
Neben dieser Vielzahl an Futtermitteln gibt es fertige Kräutermischungen zur Linderung von Erkrankungen der Organe oder des Bewegungsapparates oder zur Stabilisierung der Gesundheit eines Pferdes.

SIND KRÄUTER IN JEDER FORM UNBEDENKLICH ANZUWENDEN?

Die meisten Pferdebesitzer werden die Kräutermischungen für ihr Pferd beim Fachhändler kaufen, und bei diesen fertigen Mischungen wurde bereits vom Hersteller für eine Unbedenklichkeit gesorgt. Pflanzen mit toxischer Wirkung sind nicht enthalten, oder, falls sie für eine heilende Wirkung benötigt werden, nur in ganz geringen, verträglichen Anteilen.
Selbst gesammelte Pflanzen in einer eigenen Kräutermischung sind nur dann unbedenklich zu füttern, wenn sich der Besitzer wirklich gut mit den einzelnen Wirkstoffen der Heilpflanzen und der zu verabreichenden Menge auskennt. Dies erfordert jedoch ein sehr umfangreiches Wissen in der Kräuter- und Heilpflanzenkunde. In Zweifelsfällen oder bei mangelnden Kenntnissen ist es stets besser, nur fertige Mischungen aus dem Fachhandel zu beziehen. Sie können auch in Apotheken auf spezielle Wünsche und Bedürfnisse gemischt werden.

GIFTIGE PFLANZEN MIT TÖDLICHER WIRKUNG

Ziergärten, Wälder, Waldränder und Bachufer beherbergen viele tödliche Giftpflanzen in ihrer Gräser- und Sträucherwelt. Um gar nicht erst die Gefahr einer Pflanzenvergiftung zu riskieren, sollten Pferde während eines Ausrittes grundsätzlich an keinem Grünzeug fressen dürfen. Dies erfordert eine konsequente Erziehung durch den Reiter, schützt aber das Pferd sicher vor einer schweren oder gar tödlichen Erkrankung. Vergiftungsgefahren bestehen auch dann, wenn Pferdebesitzer ihren Pferden selbst gepflückte Blumen, Gräser oder Äste als Futterleckerei anbieten, deren Inhaltsstoffe und giftige Wirkungen ihnen nicht bekannt sind.
Nachstehend sind jene Pflanzen aufgelistet, deren giftige Wirkstoffe innerhalb weniger Stunden zum Tod eines Pferdes führen:

ARONSTAB (Arum maculatum)

Der Aronstab wächst überwiegend an Waldrändern und in Laub- und Mischwäldern. Er enthält neben dem Aroin auch geringe Mengen Blausäure. Die gesamte Pflanze ist sehr stark giftig. Sie erzeugt Schwellungen der Schleimhäute und Durchfall, einhergehend mit Magen-Darm-Blutung und Lähmung der Darmperistaltik (Darmbewegung).

BÄRENKLAU, HERKULESSTAUDE
(Heracleum mantegazzianum)

Diese imposante Pflanze kann eine Höhe von bis zu 3,50 Meter erreichen und ist somit leicht erkennbar. Alle Pflanzenteile, vor allem aber der Saft, sind sehr giftig. Bei Berührungen der Haut des Reiters oder des Pferdefells mit der Pflanze in Verbindung mit Sonnenlicht kann es zu Schwellungen und Blasenbildung, ähnlich einer Verbrennung, kommen. Daher beim Ausritt die Berührung dieser Pflanze unbedingt vermeiden. Beim Fressen dieser Pflanze kommt es zu lebensgefährlichen Schleimhautreizungen.

BILSENKRAUT, SCHWARZES
(Hyoscyamus niger)

Das schwarze, sehr unangenehm riechende Bilsenkraut, auch Tollkraut genannt, wächst an Weg- und Straßenrändern. Alle Teile der Pflanze sind durch den Alkaloidgehalt hochgiftig und können je nach gefressener Menge den Tod des Pferdes innerhalb weniger Stunden herbeiführen. Eine Vergiftung äußert sich in beschleunigtem Herzschlag, Krämpfen, Lähmungen und schweren Koliken.

BUCHSBAUM (Buxus sempervirens)

Der Buchsbaum gehört ebenfalls zu den tödlich wirkenden Pflanzen, 750 Gramm der kleinen Blätter reichen aus, um ein Pferd zu vergiften. Bei der Begrünung von Reitanlagen ist in der Auswahl von Pflanzen und Sträuchern auf deren Giftigkeit unbedingt zu achten. Trotzdem gibt es unverständlicherweise immer wieder Ställe, auf deren Gelände die immergrünen, hochgiftigen Pflanzen wie Eibe oder Buchsbaum zu finden sind. Auf solchen Anlagen muss der Pferdebesitzer sehr auf sein Pferd Acht geben. Buchsbaum erzeugt schwere Koliken und eine Lähmung des Nervenzentrums, der Tod tritt durch Herz- und Atemstillstand ein.

BUCHECKERN

Im Herbst finden sich in den Wäldern viele Bucheckern, doch sollte das Pferd von dem Verzehr dieser Früchte abgehalten werden, ein Kilogramm Bucheckern enthält bereits eine für Pferde gefährliche Dosis Gerbsäure.

BLAUER EISENHUT (Aconitum napellus)

Der Blaue Eisenhut gehört zu den giftigsten Pflanzen Europas. Alle Pflanzenteile sind hochgiftig, besonders jedoch die Wurzeln und der Samen, sie enthalten das tödliche Gift Aconitin. Bei einer akuten Vergiftung tritt der Tod bereits nach ein bis drei Stunden ein. Die Folgen sind schwere Kolik, Durchfall und Nierenentzündung bis hin zum Nierenversagen.

EIBE (Taxus baccata)

Die Eibe gehört zu den absolut tödlichsten Giftpflanzen für Pferde. Nur wenige Zweige (100 Gramm Nadeln) reichen aus, ein Pferd zu vergiften. Das Gefährliche an der Eibe ist, dass sie leicht mit den harmlosen Tannen und Fichten verwechselt werden kann. Sie unterscheidet sich jedoch in der Struktur ihrer Nadeln: Eibennadeln sind sehr weich, flach und glänzen auf der Oberseite, die Eibe trägt zudem rote Früchte.
Die Eibe enthält die Gifte Taxin, Ameisensäure und Blausäure in hoher Dosierung. Diese Pflanzengifte erzeugen zuerst Erregungszustände mit beschleunigtem Pulsschlag und im weiteren Verlauf entsteht eine Lähmung der Atemwege. Der Tod tritt sehr plötzlich durch Herzstillstand ein. Eine Rettung ist nur in wenigen Fällen bei sofortiger tierärztlicher Hilfe möglich.

ENGELSTROMPETE (Datura suaveolens)

Bei der Engelstrompete, im Volksmund gerne als Trompetenbaum bezeichnet, sind alle Pflanzenteile giftig, sie gehört zu den Nachtschattengewächsen. Überwiegend findet man diese Pflanzen in Zier- und Wohngärten. Bereits geringe Mengen erzeugen schwere Magen- und Darmkrämpfe und Koliken und bedeuten eine erhebliche Lebensgefahr für das Pferd.

FINGERHUT (Digitalis purpurea)

Dieses zweijährige, sehr bitter schmeckende Kraut wächst in lichten Wäldern und wird auch als Zierpflanze gehalten. Das sehr starke Gift des roten Fingerhutes wird im Herzen gespeichert, und 100 Gramm frische Blätter können ein Pferd umbringen. Jedoch ist diese Pflanze auch im getrockneten Zustand im Heu hochgiftig. Heftiges Schwitzen, Herz- und Kreislaufstörungen sowie Herzlähmung sind die Folgen einer Fingerhutvergiftung.

GARTENBOHNE, GRÜNE BOHNE
(Phaseolus coccineus)

Die rohen Bohnen und besonders der Samen sind sehr giftig. Einige Stunden nach dem Fressen kommt es zu blutigem Durchfall, schwerer Kolik und erhöhtem Pulsschlag. Die Gefahr des Fressens dieser Gemüsepflanze besteht dann, wenn Pferdeweiden direkt an Nutzgärten angrenzen und die Tiere über den Zaun hinweg an die Bohnenpflanzen gelangen.

GOLDREGEN (Laburnum anagyroides)

Den Goldregen findet man häufig als Zierstrauch in den Gärten von Wohngebieten. Bereits 200 Gramm des Samens enthalten eine für Pferde tödliche Menge Gift. Eine Vergiftung durch Goldregen zeigt sich in Speichelfluss, hastigem Atmen, Krämpfen und Durchfall. Der Tod tritt durch Atemlähmung und -stillstand ein.

HERBSTZEITLOSE (Colchicum autumnale)

Die Herbstzeitlose ist ein sehr giftiges Knollengewächs und trägt im Volksmund den Ruf einer Selbstmordpflanze. Man findet sie auf feuchten Wiesen und Waldlichtungen. Sie bewirkt heftiges Schwitzen, Krämpfe und Kolik mit blutigem, schleimigem Durchfall. Der Tod erfolgt durch Atemlähmung und -stillstand.

LIGUSTER (Ligustrum vulgare)

Wenn ein Pferd nur 100 Gramm Liguster frisst, reicht dies aus, es zu töten. Liguster ist eine weit verbreitete Heckenpflanze, die Reiter und Pferd häufig in allen Landstrichen, besonders in Wohngebieten mit Einfamilienhäusern und Ziergärten, antreffen.

OLEANDER (Nerium oleander)

Nur zehn Blätter Oleander genügen, um ein Pferd zu töten. Das in den immergrünen Blättern am stärksten konzentrierte Gift erzeugt im Anfangsstadium Durchfall und Kolik. Da sich jedoch hinter diesen Symptomen auch viele andere Ursachen verbergen können, ist diese Vergiftung äußerst tückisch und schwer zu erkennen. Das Pferd stirbt letztendlich an Herzstillstand und Atemlähmung.

SEIDELBAST (Daphne mezereum)

Der Seidelbast wächst eher auf trockenen Gebieten und Heiden. Bereits 30 Gramm dieser Pflanze können für Pferde tödlich sein, da alle Pflanzenteile das scharf schmeckende Gift Mezerin enthalten. Er verursacht starke Maulschleimhautschwellung und Darmentzündung.

SCHÖLLKRAUT (Chelidonium majus)

Das Schöllkraut ist eine sehr anspruchslose Pflanze, die an Mauern, Hecken und Schuttplätzen besonders auf kalkhaltigem Boden zu finden ist. Das ganze Gewächs, aber vor allem der Milchsaft, ist sehr stark giftig. Es treten vor allem beschleunigter Atem und blutiger Durchfall auf.

STECHAPFEL (Datura stramonium)

Hochgradig giftig sind die stark alkaloidhaltigen Samen, aber auch alle anderen Pflanzenteile sind sehr giftig. Hat das Pferd nur wenige Gramm dieser Pflanze gefressen, tritt nach starkem Schwitzen eine Lähmung des Zentralnervensystem ein, die das Pferd im fortgeschrittenem Stadium sehr schwächt und zum Taumeln bringt. Die Vergiftung kann einen tödlichen Atemstillstand zur Folge haben.

TOLLKIRSCHE (Atropa belladonna)

Die Blätter und der Samen der Tollkirsche sind hochgiftig, und nur 125 Gramm des Samens enthalten für ein Pferd eine tödlich wirkende Giftmenge. Überwiegend enthält die Pflanze Atropin, dies erzeugt beschleunigten Puls, starkes Schwitzen und Magen-Darm-Beschwerden.

WASSERSCHIERLING, SUMPFGIFT
(Cicuta virosa)

Dieses sehr stark giftige Gewächs findet man an Bachufern, Sumpfgebieten und Teichrändern. Es hat einen unangenehmen Geruch und der Stängel ist mit einem gelben Saft gefüllt, der sehr stark giftig ist. Bereits 10 Gramm sind eine für Pferde tödliche Dosis. Eine Vergiftung äußert sich in Gleichgewichtsstörungen, der Tod tritt durch Atemlähmung ein.

GIFTIGE PFLANZEN, DIE SCHWERE VERGIFTUNGEN BEWIRKEN

Nachstehende Pflanzen sind sehr giftig und verursachen schwerste Vergiftungserscheinungen. Durch rechtzeitige ärztliche Hilfe können jedoch der Tod des Pferdes oder schwer wiegende Erkrankungen mit gesundheitlichen Folgeschäden verhindert werden.

Einige dieser Pflanzen finden sich überwiegend in Ziergärten und Parkanlagen wieder, daher sollte Pferden bei einem Ausritt das Knabbern und Fressen zu ihrem eigenen Schutz grundsätzlich verboten werden.

Befinden sich Pferdeweiden oder Paddocks in unmittelbarer Nähe von Wohnhäusern und Ziergärten, sollte ein zweiter Zaun als Sicherheitsabstand zu den dort wachsenden Gehölzen und Sträuchern aufgestellt werden. Die benachbarten Bewohner müssen eindringlichst gebeten werden, **keine Gartenabfälle** auf die Pferdeweide zu geben. Die lieben Anwohner meinen es sicherlich nur gut mit den Pferden, wenn sie ihnen ihre Gartenabfälle oder den frischen Rasenschnitt auf die Weide kippen. Frischer Rasenschnitt erzeugt schwerste Koliken!

Leider sind auf diese Weise schon viele Pferde zu Tode gekommen. Besonders Fohlen sind sehr neugierig und nagen und fressen gerne alles Unbekannte an. Sie müssen daher besonders vor fremdem Grünzeug auf ihren Wiesen geschützt werden. Auffälliges Verhalten von Weidepferden wie Schwitzen, Schaum vor dem Maul und an den Nüstern, Speichelfluss, Atemnot, Berührungsempfindlichkeit, Gleichgewichtsstörungen und Zittern darf nicht unberücksichtigt bleiben, es kann ernster Hinweis auf eine Vergiftung sein.

Nicht nur Giftpflanzen können bei Weidepferden Erkrankungen hervorrufen, sondern auch frisch gedüngte Wiesen oder Pflanzenschutzmittel: Es können schwerste Nitrat- oder Schwermetallvergiftungen auftreten.

Zeigen ein oder sogar mehrere Pferde auf einer Weide ungewöhnliches Verhalten oder Anzeichen oben genannter Symptome, sollte in jedem Fall der Tierarzt zur Kontrolle des Gesundheitszustandes schnellstmöglich benachrichtigt werden.

Selbst im getrockneten Zustand enthalten einige Giftpflanzen noch ihre Wirkstoffe, so sind sie auch im Futterheu enthalten und können Koliken und andere Krankheitsbilder hervorrufen. Daher darf die Heuernte nur auf „sauberen“, also von Giftpflanzen freien Wiesen vorgenommen werden. Es ist ratsam, nicht zu dicht an angrenzenden Waldrändern zu mähen, da dort häufig Farne, Bilsenkraut und Fingerhut gedeihen, die keinesfalls in die Heuernte gelangen dürfen.

ADONISRÖSCHEN (Adonis vernalis)

Das Adonisröschen wächst auf kalkhaltigem, trockenem Boden. Sein Verzehr verursacht Atemnot, Schleimhautschwellungen, Durchfall und Gleichgewichtsstörungen.

CHRISTROSE, SCHWARZER NIESWURZ (Helleborus niger)

Die Christrose ist seltener anzutreffen, und daher ist das Risiko, dass Pferde sie fressen, gering. Sie wächst nur auf humusreichen Boden und steht unter Naturschutz. Alle Pflanzenteile sind giftig und verursachen Erregungszustände und Lähmungen des Zentralnervensystems.

EFEU (Hedera helix)

Größere Mengen Efeu führen zu schweren Koliken, da er giftige Saponine enthält. Vorsicht bei Pferdeweiden, die an mit Efeu bewachsene Hauswände grenzen.

FARNE
(Pteridium aquilinum, Dryopteris filix mas)

Adler- und Wurmfarn wachsen an Waldrändern und Lichtungen. Sie sind die gefährlichsten Vertreter in dieser Pflanzengattung.
Nervosität, Krämpfe und blutiger Durchfall sind die Folgen einer Farnvergiftung. Oft treten diese Krankheitsanzeichen nicht direkt nach dem Fressen auf, sondern erst einige Tage später, sodass der Zusammenhang der Erkrankung mit dem gefressenen Farn häufig unbemerkt bleibt. Frisst das Pferd über einen längeren Zeitraum eine größere Menge Farn (zum Beispiel beim Weidegang in Waldnähe), können sich diese Symptome derart verstärken, dass sie ohne tierärztliche Hilfe zum Tod des Tieres führen.

GINSTER, BESENGINSTER
(Cytisus scoparius)

Ginster wird häufig als Zierpflanze in Hecken gepflanzt. Wild wächst er an Waldrändern und -lichtungen sowie in Heidegebieten. Die gesamte Pflanze ist giftig und erzeugt hohen Pulsschlag und Lähmung der Atemwege, der Tod tritt durch Erstickung ein.

KARTOFFELN (Solanum tuberosum)

Rohe Kartoffeln und vorwiegend das Kraut der Pflanze sind für Pferde absolut unverträglich und gehören in keine Pferdefütterung. Es entstehen Darmreizungen, Krämpfe, Durchfall und schwere Koliken sowie Blutzersetzung.

KREUZ- ODER JAKOBSKRAUT
(Senecio jacobaea)

Das Kreuzkraut wächst vorzugsweise an Böschungen und Weg- und Waldrändern. Das Kraut enthält Alkaloide und bleibt auch im getrockneten Zustand (Vorsicht im Heu!) giftig. Die Symptome einer Vergiftung zeigen sich in Verstopfung, Appetitlosigkeit und schwankendem Gang. Bei vermehrter Aufnahme können Leberschäden auftreten. Bei rechtzeitiger tierärztlicher Behandlung ist eine Rettung möglich.

LEBENSBAUM, THUJA, ZYPRESSEN
(Euphorbia cyparissias)

Diese sehr häufig vorkommende Zierpflanze, oft als Hecke in Wohngebieten zu sehen, enthält in ihrem Milchsaft das giftige Euphorbon und zusätzlich ätherische Öle. Leider zählen Reiter diese Pflanze meist zu den ungefährlichen Tannen- oder Fichtengewächsen und lassen ihre Pferde unbekümmert daran fressen. Die giftigen Inhaltsstoffe erzeugen eine starke Schleimhautreizung und Koliken. Im zunehmenden Stadium kommt es zu einer Leberdegeneration, die unbehandelt den Tod zur Folge haben kann.

LUPINEN (Lupinus)

Die Lupinie wächst häufig auf kalkarmen Böden an Böschungen oder Feldrändern. Sie ist wegen ihres hohen Eiweißgehaltes für Pferde sehr ungesund. Der Hauptanteil der Giftstoffe ist in den Samen enthalten. Sie enthält Alkaloide und bewirkt Erregungszustände, Krämpfe, Leberschäden und Hufrehe.

MAIGLÖCKCHEN (Convallaria majalis)

Das Maiglöckchen wächst in schattigen Waldlagen und Gärten und gehört zu den Liliengewächsen, der Geschmack ist scharf, bitter und widerlich. Alle Teile der Pflanze sind giftig, bei übermäßigem Fressen kommt es zu Durchfall, Benommenheit und Kreislaufschwäche.

NACHTSCHATTEN (Solanum nigrum)

Der Nachtschatten wächst an Wegrändern, Schuttplätzen oder Unkrautfluren, er stellt wenig Ansprüche an den Boden. Alle Teile der Pflanze sind giftig, seine Alkaloide erzeugen Schwäche und Teilnahmslosigkeit bis hin zum Niederstürzen.

OSTERGLOCKE, TULPE
(Narcissus pseudonarcissus)

Die Pflanze selber stellt nur eine geringe Gefährdung für die Gesundheit des Pferde dar. Wird jedoch die Zwiebel mitgefressen, kann es zu starken Kolikanfällen kommen.

PFAFFENHÜTCHEN (Euonymus europaeus)

Das Pfaffenhütchen, ebenso Spindelstrauch genannt, wächst in Wäldern und an Wegrändern. Besonders der Samen dieses Strauches enthält einen sehr giftigen Bitterstoff. Je nach gefressener Menge leiden die Pferde an Kreislaufstörungen, Magen-Darm-Problemen und Durchfall.

RHODODENDRON (Rhododendron)

Alle Arten dieser Zierpflanze erzeugen Schleimhautreizungen, blutigen Durchfall und schwere Koliken.

ROBINIE (Robinia pseudoacacia)

Die Robinie wird häufig mit der Akazie verwechselt und daher unter dem Namen „falsche Akazie“ geführt. Zu Beginn äußert sich eine Vergiftung durch Robinienzweige mit Kolik, später kommen Herzschwäche und Gehirnreizung hinzu.
Der Giftstoff ist das alkaloidartige und eiweißartige Robin, dazu Gerbstoffe und ätherische Öle. Speziell in der Rinde findet man das hochgiftige Robin, weniger in den Blättern und Samen. Diese Gifte erzeugen Kolik und der Kotabsatz wird merklich weniger. Nachfolgend treten Darmblutungen und Dickdarmlähmungen ein, die durch Störungen im Zentralnervensystem hervorgerufen werden.

STECHPALME (Ilex aquifolium)

Die Stechpalme hat sehr harte, fast lederartige, dornig gezähnte Blätter. Daher fressen die Pferde diese Pflanze sehr selten, und schwer wiegende Vergiftungen kommen kaum vor.

GIFTIGE PFLANZEN, DIE LEICHTE VERGIFTUNGEN ERZEUGEN

In der Pflanzenwelt gibt es auch einige Gewächse und Sträucher, die lediglich geringgradig giftig sind und deren Verzehr „nur“ mittelmäßige Magenverstimmungen und ein Unwohlsein hervorruft.
Selbst wenn hier keine lebensbedrohliche Vergiftung eintritt, sollte darauf geachtet werden, dass die Pferde keinen Zugang zu diesen Pflanzen haben. Schwieriger wird die Ermittlung einer Vergiftung, wenn verschiedene Reiter mit dem Pferd im Gelände unterwegs waren und keine genauen Angaben darüber machen können, wann und wo das Pferd an welchen Pflanzen oder Sträuchern gefressen hat.

BUSCHWINDRÖSCHEN
(Anemone nemorosa)

Das Buschwindröschen gehört zu der Gattung der Hahnenfußgewächse und alle Pflanzenteile sind durch das Gift Anemonin gering giftig. Es wächst überwiegend auf Wiesen oder in der Nähe von Büschen. Wenn Pferde von dieser Pflanze fressen, können Reizungen der Mund- und Rachenschleimhaut auftreten, es kann außerdem zu Durchfall kommen.

BERBERITZE (Berberis vulgaris)

Die Berberitze gehört zu der Familie der Sanddorngewächse und wächst an Waldrändern und lichten Mischwäldern auf kalkhaltigem Boden. Giftigster Pflanzenteil ist die Wurzelrinde, gefolgt von der Stammrinde. Blüten, Fruchtfleisch und Samen sind in der Regel alkaloidfrei. Erst in einer höheren Dosis können schwache Vergiftungen auftreten, die jedoch nicht lebensbedrohlich sind. Durchfall und Krampfkoliken können auftreten.

HAHNENFUSS (Ranunculus acris)

Der Hahnenfuß ist im gesamten Pflanzenteil giftig und wächst auf Wiesen sowie an Straßen- und Wegrändern. Er ist häufig auch auf Pferdeweiden anzutreffen, aber die Pferde knabbern ganz geschickt das Gras um diese Pflanze herum weg und lassen die Hahnenfußstängel unberührt stehen. Nur sehr hungrige Pferde fressen in ihrer Gier versehentlich den Hahnenfuß mit. Es kann zu Vergiftungen mit Schwellungen der Schleimhäute, Durchfall, Reizungen und Entzündungen im Magen-Darm-Bereich und zur Lähmung der Atemwege kommen. Im getrockneten Zustand verliert der Hahnenfuß seine Giftigkeit und kann im Heu bedenkenlos verfüttert werden.

EBERESCHE (Sorbus aucuparia)

Die Eberesche, im Volksmund auch Vogelbeerbaum genannt, liebt feuchten, sauren Boden und kommt in fast allen Waldgebieten vor. Die Pflanze ist schwach giftig und erzeugt in großen Mengen gefressen leichte Magenverstimmungen.

FELDMOHN/KLATSCHMOHN (Papaver rhoeas)

Der Feldmohn ist auch unter dem Namen Klatschmohn bekannt und wächst auf nährstoffreichen, lehmigen Böden an Ackerrändern. Besonders der Milchsaft in der Pflanze enthält giftige Alkaloide. Magenverstimmungen mit Kolik und Durchfall können auftreten.

GEMÜSESORTEN, DIE NICHT VERFÜTTERT WERDEN DÜRFEN

Nicht alle Gemüsesorten sind für die Pferdefütterung geeignet. Auf keinen Fall dürfen Kohlsorten, Kartoffeln, Zwiebeln oder Tomaten gefüttert werden.

Alle Kernobstsorten, wie hier Pflaumen und Mirabellen, dürfen Pferde nicht fressen, da die Kerne schwer verdaulich sind und Koliken erzeugen können.

Nicht alle Gemüsesorten dürfen in der Pferdefütterung verwendet werden. Völlig ungeeignet und daher unbedingt zu vermeiden sind nachfolgende Sorten:

Rohe Kartoffeln und Kartoffelkeime erzeugen Darmreizung, Krämpfe und Koliken mit fortschreitender Zersetzung des Blutes und gehören keinesfalls auf den Speiseplan einer Pferdefütterung.

Zwiebeln verursachen nach länger andauernder Aufnahme Blutarmut (die roten Blutkörperchen werden geschädigt), Gelbsucht und Harnverfärbung.

Kohlgewächse führen zu Blähungen und erzeugen Kolik.

Tomaten gehören zu den Nachtschattengewächsen und sind für den Pferdeorganismus schädlich.

Bohnensamen enthalten gefährliche Gifte und erzeugen schwere Koliken mit Zerstörung der Darmschleimhaut.

Kernobstsorten wie Pflaumen, Pfirsiche, Mirabellen, Kirschen sind für Pferde schwer verdaulich und haben Verstopfung mit heftigen Kolikanfällen zur Folge.

GIFTIGE PILZE

Pilze werden von den Pferden sehr selten gefressen, auch wenn sie hin und wieder auf den Weiden wachsen. Die meisten Pilzarten verursachen ein leichtes Unwohlsein, nur wenige Sorten sind hochgradig giftig.

Selten kommt es vor, dass Pferde Pilze fressen, da die meisten Giftpilze nicht in der unmittelbaren Nähe von Pferdeweiden wachsen. Hier finden sich nur vereinzelt die ungefährlichen Wiesenchampions. Da Pferd und Reiter während eines Ausrittes in der Regel auf den befestigten Waldwegen reiten, gelangen sie selten in die Nähe von Giftpilzen, die meist im tiefen Unterholz wachsen. Ist es durch unvorhergesehene Umstände doch dazu gekommen, dass ein Pferd Pilze gefressen hat, sollte das Verhalten des Tieres in den kommenden Stunden genau beobachtet werden. Nur wenige Pilzsorten haben eine tödliche Vergiftung zur Folge, die meisten Sorten verursachen nur ein leichtes bis schweres Unwohlsein. Zu den absolut tödlichen Pilzen gehören der Fliegenpilz, Grüner und Weißer Knollenblätterpilz, Kahler Krempling, Pantherpilz, die Frühjahrslorchel, der Rötling, der Rote Schirmling und verschiedene Arten des Trichterlingpilzes. Die Gifte dieser Pilzsorten führen nach vier bis acht Stunden zu Atemlähmung und Leberkoma.

VERGIFTUNGSGEFAHREN DURCH CHEMISCHE MITTEL UND EINSTREU

Aber nicht nur Pflanzen, Sträucher und Gehölze bergen tödliche oder gesundheitschädigende Gefahren für unsere Pferde in sich, sondern verdorbene, ungeeignete Futtermittel, giftige Einstreumaterialien oder chemisch behandelte Zäune oder Boxenwände können lebensbedrohliche Erkrankungen verursachen.

VERGIFTUNG DURCH CHEMISCHE MITTEL

Obwohl im Bereich der Pferdehaltung grundsätzlich keine giftigen Farb- oder Holzanstriche verwendet werden sollten, kommt es unverständlicherweise immer wieder vor, dass Vergiftungen durch frisch gestrichene Holzzäune oder Boxenwände entstehen. Dabei sind Blei, Kreosol und Phenol die am meisten verwendeten giftigen Substanzen in den Anstrichmitteln. Eine Bleivergiftung äußert sich durch Krämpfe, Abmagerung und taumelnde Bewegungen: je nach Schwere der Vergiftung kann es zur Erblindung kommen. Phenol- und Kresolvergiftungen führen zu beschleunigtem Puls, Appetitlosigkeit, Kolik und Verstopfung.
Bei rechtzeitiger Behandlung durch den Tierarzt kann das Pferd gerettet werden, jedoch ist nicht auszuschließen, dass gesundheitliche Beeinträchtigungen als Spätfolgen zurückbleiben.

EINSTREU

Außer der Stroheinstreu dürfen Pferde generell alle anderen Arten von Einstreu (Hanf, Holzspäne, Flachs oder Lein) nicht fressen, da schwer wiegende Koliken die Folge sein können. Besonders vor gehäckselter Spanfaserplatte muss gewarnt werden, da die darin enthaltenen Leimanteile toxisch wirken. Es sollten nur für die Tierhaltung vorgesehene Späne verwendet werden, da hier keine Hölzer verarbeitet werden, die mit Holzschutz- oder Insektenschutzmitteln behandelt worden sind.
Damit die Pferde nicht aus Hunger oder Langeweile die Einstreu fressen, muss immer genügend Raufutter wie Heu und Stroh zur Verfügung stehen.
Jedoch weitaus gefährlicher sind Vergiftungen durch Rindeneinstreu (für Paddocks oder Reitplätze), wenn sich darunter die Rinde von Robinien (wird gleichfalls als falsche Akazie bezeichnet) oder anderen Gifthölzern befindet. Diese Rinde ist hochgiftig und führt zu schweren Erkrankungen bis hin zum Tod. Bei Einkauf von Rindenmulch sollte man sich (besser schriftlich) versichern lassen, dass keine giftigen Gehölze verarbeitet worden sind.

VERGIFTUNGSGEFAHREN DURCH VERDORBENE FUTTERMITTEL

Durch unsachgemäße Lagerung kommt es bei Futtermitteln häufig zu Schimmelbildung oder Verseuchung durch Bakteriengifte. Die Aufnahme dieser verdorbenen Tiernahrung ist nicht in allen Fällen lebensbedrohlich, doch erzeugt sie Unwohlsein und Magenverstimmungen bis hin zu schweren Koliken. Während in der menschlichen Ernährung verschimmelte und ungenießbare Lebensmittel im Müll landen, wird in der Pferdefütterung leider immer noch der Standpunkt vertreten, dass ein bisschen Schimmel im Heu oder in der Silage schon nicht so schlimm sein kann. Hier steht leider häufig seitens des Stallverpächters der finanzielle Verlust vor der Gesundheit der Pferde. Hinzu kommt, dass der Vermieter für anfallende Tierarztkosten auf Grund seiner minderwertigen Futtermittel nicht aufkommen muss.

Im Allgemeinen verweigern die Pferde ungenießbares Futter, erhalten sie jedoch zu geringe Mengen Raufutter, so wird auch verdorbenes und verschimmeltes Heu gefressen, um das Kaubedürfnis zu befriedigen und den Hunger zu stillen. Das instinktive Verweigern krank machender Futtermittel kann also unter schlechten, nicht artgerechten Haltungsbedingungen des Pferdes ausgeschaltet werden.

Verdauungsstörungen, Krampfkoliken, Atemwegserkrankungen, Leber- und Nierenschäden sind die Folgen fauliger, verschimmelter oder bakterienverseuchter Nahrung. Die Aufnahme von schimmelpilzbefallenen Futtermitteln erzeugt häufig Atembeschwerden und begünstigt Allergiebildungen. Daneben treten besonders bei magenempfindlichen Pferden Verdauungsstörungen in Form von Blähungen oder Verstopfung auf. Im schlimmsten Fall kann es im Pferdemagen zu starker Aufgasung kommen, die einen Darmriss und somit den Tod des Pferdes zur Folge hat. Speziell krankheitsverursachende Bakterienkeime führen zur Schädigung der empfindlichen Darmschleimhaut, hochgiftige Substanzen gelangen als Folge dieser Schädigung in die Blutbahn, und es kommt zum Kreislaufversagen und Schock.

Die Verwendung von verdorbenen Futtermitteln kann auf Dauer zu schleichenden, chronischen Erkrankungen des Pferdeorganismus führen und ist deshalb im Sinne der Pferdegesundheit strikt abzulehnen. Ein Blick auf die Qualität der Pferdenahrung in der Futterkammer und eine Kontrolle der Heuration sollte regelmäßig als vorbeugende Gesundheitsmaßnahme seitens des Pferdehalters durchgeführt werden.

UNGEEIGNETE FUTTERMITTEL IN DER PFERDEERNÄHRUNG

Salzige und würzige Chips sind für einen Pferdemagen schwer verdaulich und können Magenverstimmungen hervorrufen.

Dazu zählt in erster Linie der so beliebte Würfelzucker, eine Leckerei aus früheren Zeiten, in denen die speziellen Pferdeleckerlis noch nicht auf dem Markt waren. Hin und wieder ein Würfelchen bewirkt keinen größeren Schaden, doch ist es für Pferde ein untypisches Nahrungsmittel.

Ebenso sind Süßigkeiten in jeglicher Art und Form als Pferdefutter abzulehnen. Weder Schokolade noch Lakritze, Kekse oder Weingummi sind im Verdauungsapparat eines Pferdemagens gut aufgehoben. Empfindliche Pferde können mit Darmkrämpfen, Verstopfung oder Kolik reagieren. Natürlich gehören auch scharf gewürzte Chips

und Erdnussflips nicht zur Nahrung eines langweiligen Pferdeabends. Dünne Äste und Zweige von Obstbäumen sind da die gesündere Knabberei für Pferde.
Im Winter werden den Pferden gerne getrocknete Rübenschnitzel angeboten, jedoch dürfen diese nur im komplett aufgeweichten Zustand gefüttert werden. Uneingeweichte Trockenschnitzel verursachen gefährliche Schlundverstopfungen, die ohne rechtzeitige tierärztliche Hilfe zum Erstickungstod des Pferdes führen können. Die eingeweichten Schnitzel dürfen wegen erhöhter Kolik- und Durchfallgefahr niemals in gefrorener Form verabreicht werden. Während des Einweichvorganges müssen die Schnitzel frostfrei stehen. Die Fütterung von reinem Weizen in größeren Mengen ist für Pferde lebensbedrohlich. Der hohe Kleberanteil im Weizen führt zu einer regelrechten „Verkleisterung“ im Magen, deren Folge ein tödlicher Magenriss sein kann. Die Heilungschancen nach einer schweren Operation in der Pferdeklinik sind meist sehr gering.

Bücher für Pferdeleute

Angelika Schmelzer
Longieren - leicht gemacht
Übungen für sicheres gekonntes Longieren, Ausrüstung, Longiertechniken, Hilfestellung bei Problemen
ISBN 3-86127-507-4

Karin Drewes
Aufs Pferd gekommen I
Haltung und Pflege
ISBN 3-86127-508-2

Karin Drewes
Aufs Pferd gekommen II
Füttern, Training, Gesundheit
ISBN 3-86127-509-0

Birgit van Damsen
So werden Pferd und Reiter geländesicher
Training im Gelände und Straßenverkehr
ISBN 3-86127-506-6

Nikola Fersing
Geld- und Zeitspartips für Pferdeleute
Erschwingliches Reiten und richtige Zeiteinteilung
ISBN 3-86127-503-1

Silvia C. Hofmann
Western
Der Weg zum Westernreiter
ISBN 3-86127-502-3

Marie-Luise von der Sode
Der Gaul macht nicht mit
Lösungen für die Praxis
ISBN 3-86127-505-8

Heike Groß
Alte und unreitbare Pferde
Praxistips, Pflege, Gesundheit
ISBN 3-86127-504-x

Angelika Schmelzer
Umgang mit Hengsten
Erziehung, Haltung, Zucht
ISBN 3-86127-501-5

Erhältlich im Buch- und Reitsportfachhandel.
Prospekt anfordern bei:

CADMOS
PFERDEBÜCHER

Cadmos Verlag GmbH • Lüner Rennbahn 14 • D-21339 Lüneburg • Tel. 04131-981666 • Fax 04131-981668